I0483709

ESO

ejercicios de
matemáticas
de supervivencia
zombie

1º

dae connor

Autor: Dae Connor

Título original: Ejercicios de matemáticas de supervivencia zombie 1º ESO.

Portada y contraportada por Dae Connor.

© 2011 por Dae Connor. Todos los derechos reservados.

ISBN: 978-1-4709-2971-8

1ª edición: octubre de 2011.

Todos los derechos reservados. Bajo las sanciones establecidas en las leyes, queda rigurosamente prohibida, sin autorización escrita del autor, la reproducción total o parcial de esta obra por cualquier medio o procedimiento, comprendidos la reprografía y el tratamiento informático, así como la distribución de ejemplares mediante alquiler o préstamo públicos.

Puedes resolver los ejercicios directamente en el cuadernillo o hacer fotocopias de las páginas que quieras para uso personal.

EJERCICIOS

Ejercicios I – Números Naturales y Divisibilidad.

Nombre: .... Curso: ....

1) Realiza las siguientes operaciones:

a) $3 + 5 \cdot 2 - 2 \cdot 4 + 10 : 2$

b) $2 + 3 \cdot 2 + 2 \cdot 4 - 6 : 3$

c) $128 : 16 + 224 : 14 - 270 : 45$

d) $(2 + 3 + 5 + 10 + 4) : (8 - 2)$

2) Realiza las siguientes operaciones:

a) $7 \cdot (8 - 5) - 24 : (13 - 7)$

b) $36 : (25 - 19) - 4 \cdot (10 - 9)$

c) $2 \cdot (3 + 4 \cdot (5 - 3)) + 3 \cdot 2 - 4 : 2$

d) $2 \cdot (3 + 5) - 4 + 6 : (4 - 2) + 2 \cdot (5 - 2 \cdot 2)$

e) $6 : 3 + 4 + 2 - 2 \cdot 2 + 5 - 3 \cdot (2 + 3 \cdot (2 + 1) + 1)$

f) $(6 \cdot (3 + 1) + 2 \cdot 3) : (2 \cdot (3 + 1) - 2 \cdot 3 + 3) + 3$

3) Escribe el conjunto de divisores de:

a) 12   b) 36   c) 15

4) Escribe 5 múltiplos de:

a) 5   b) 6   c) 12

5) Escribe como una única potencia las siguientes expresiones:

$$(Ejemplo: 3^2 \cdot 3^5 \cdot \left(3^2\right)^3 = 3^{2+5+2\cdot 3} = 3^{13})$$

a) $2^4 \cdot 2^6 \cdot 2^2$ b) $14^3 \cdot \left(14^4\right)^3 \cdot 14^2$

c) $5^7 \cdot 3^7$ d) $2^5 \cdot 6^5 \cdot 3^4 \cdot 4^4$

e) $3^2 \cdot 3^4 \cdot 3 \cdot \left(3^3\right)^2$ f) $2^5 \cdot 6^3 \cdot 3^5$

6) Di si 235125 es divisible por 2, por 3, por 5 ó por 11, explicando cómo lo puedes saber sin tener que realizar la división.

Matemáticas 1º ESO

Ejercicios I – Números Naturales y Divisibilidad.

Nombre: .... Curso: ....

7) Di si 4839836 es divisible por 2, por 3, por 5 ó por 11, explicando cómo lo puedes saber sin tener que realizar la división.

8) Factoriza como producto de primos los siguientes números:

a) 144

b) 700

c) 675

d) 504

e) 2070

f) 22680

9) Calcula el máximo común divisor y el mínimo común múltiplo de los siguientes números:

a) 24, 12 y 36

b) 180, 100 y 160

c) 9000, 100 y 3024

d) 21,9 y 49

e) 441, 42 y 54

f) 16, 32 y 64

10) Calcula el máximo común divisor y el mínimo común múltiplo de a, b y c si:

$a = 2^5 \cdot 3^3 \cdot 5^2 \cdot 7^{14}$

$b = 2^6 \cdot 5^4 \cdot 7^2$

$c = 2^8 \cdot 3^2 \cdot 5^7 \cdot 11^3$

Nombre: .... Curso: ....

1) Escribe el conjunto de divisores de:

a) 50

b) 80

c) 24

2) Escribe 5 múltiplos de:

a) 15

b) 3

c) 12

3) Calcula el máximo común divisor y el mínimo común múltiplo de los siguientes números:

a) 24, 12 y 36

b) 180, 100 y 160

c) 9000, 100 y 3024

d) 21,9 y 49

1

e) 441, 42 y 54

f) 16, 32 y 64

4) Un almacenista consigue manzanas del asentamiento contiguo a 22 € la caja y las vende a 2 €/kg. Sabiendo que una caja contiene 15 kg,

a) ¿Cuántos € gana con cada caja?

b) ¿Cuántas cajas ha de vender para ganar 600 €?

5) Pedro debe ir al médico del asentamiento periódicamente durante el siguiente año a realizar una serie de revisiones. La raza humana ha recibido un duro golpe tras el alzamiento zombie y cada superviviente es vital para la repoblación. Le han dicho que debe ir a medir la tensión cada 20 días, realizar un análisis de sangre cada 30 días y comprobar su capacidad pulmonar cada 90 días. El día que le comunicaron que debía realizar estos reconocimientos era jueves y le hicieron las tres revisiones.

a) ¿Cuántos días pasarán hasta que vuelvan a coincidir de nuevo las tres revisiones el mismo día?

b) ¿Cuántos análisis de sangre se habrá hecho para esa fecha?

c) ¿En qué día de la semana caerá?

Matemáticas 1º ESO

Ejercicios II - Números Naturales y Divisibilidad.

Nombre: .... Curso: ....

6) Queremos confeccionar el mayor número de cajas de suministros exactamente iguales con una serie de artículos de los que disponemos en el almacén, de manera que no sobre ninguno. En el almacén tenemos 48 máscaras antigás, 72 granadas de impacto, 36 minas antipersona y 60 bombas de humo.

a) ¿Cuántas cajas confeccionaremos?

b) ¿Qué tendrá cada caja?

Nombre: .... Curso: ....

1) Calcular:

	A	Resp. A	B	Resp. B	C	Resp. C
1	(-2) + 17		12 + 25		(-7) + (-4)	
2	(-8) + (-4)		(-4) + (-30)		(-6) - 44	
3	23 + 9		(-3) + 15		32 + 12	
4	(-8) - 3		(-8) - (-2)		(-8) + (-50)	
5	29 - 15		14 + 9		(-6) + 12	
6	(-16) + 6		(-5) - 7		(-5) + (-4)	
7	(-6) + (-5)		27 - 16		11 + 16	
8	70 - 89		(-42) + 2		(-7) + 5	
9	(-5) + (-35)		(-7) + (-1)		24 - 12	
10	18 + 18		50 - 67		(-53) + 3	
11	7 + (-4)		(-15)+(-15)		(-8) + (-9)	
12	(-6) + 80		21 + 21		30 - 44	
13	17 - 19		2 + (-11)		(-5) + (-15)	
14	5 + (-41)		(- 9) + 60		14 + 14	
15	(-16) + 5		33 - 37		8 + (-3)	
16	(-2) + (-9)		2+ (-76)		(- 5) + 40	
17	(-3) + (-4)		(-13) + 3		71 - 78	
18	(-4) - 26		(-5) + (-8)		3 + (-12)	

Nombre: .... Curso: ....

1) Calcula:

a) $+3 - 2 \cdot (+3 - 4 \cdot (-5)) + 7$

b) $-3 \cdot (+2 - (+3 - 5) + 3) + 2 - (-4 - (-1 + 7) - (-3 + 5))$

c) $(-3 + 5 + 8):(+3 - 8) - 5 + 2 \cdot (+4 - 3 - (+2 - 5) + 1) + 4:(-2)$

d) $3 - (2 + 4:(-2)) + 3 \cdot (-2 - 6) + 12 - 3 + 2 \cdot (-1 + 3) - (+3 - 4 + 2) - 6:2$

e) $+1 - 2 - (+1 - 3 + 4 - (+2 - 3) - (+3 - 1)) - 2 \cdot (-3 + 1) + 4$

Nombre: .... Curso: ....

2) Teresa vive en el 3er piso de un edificio ruinoso que apenas se mantiene en pie. Baja 5 plantas para ir al trastero a por unas latas de conserva. En un momento de pánico al oír un sonido extraño, sube cuatro plantas, baja dos, vuelve a subir quince plantas y baja tres. Su amigo Nacho vive en el piso séptimo de ese mismo edificio. ¿Cuántos pisos deberá subir o bajar para ir a esconderse con Nacho? Expresa el resultado y el procedimiento de como calcular el resultado con un número entero y con palabras.

3) Nacho, parapetado en lo alto de una iglesia desde el 1 de marzo con 250 balas de francotirador, se encarga de exterminar a todos aquellos zombies que pasen cerca de su alcance. Durante el mes de marzo realizó los siguientes disparos, representados en las siguientes entradas de diario:

Fecha	Suceso	Cantidad
03/03/2010	Encuentro más balas en lo alto del edificio. ¡Bien!	50 balas
05/03/2010	Un grupo de zombies consiguen salir de un instituto. Son numerosos.	40 balas
06/03/2010	Un pequeño número de ejecutivos infectados pasa por la plaza con ritmo lento.	25 balas
12/03/2010	Teresa ha conseguido hacerme llegar una bolsa con más balas.	70 balas
16/03/2010	Un equipo de fútbol corre hacia aquí. Me habrán olido.	20 balas
20/03/2010	Aparece un pequeño grupo de aficionados zombies con bufandas. Probablemente estuviesen siguiendo a los futbolistas.	10 balas
24/03/2010	Teresa ha vuelto con más balas. Dios la bendiga.	25 balas
28/03/2010	Otro pequeño grupo aparece por el oeste.	30 balas

     a) ¿De cuántas balas dispone Nacho el 18 de marzo del 2010? (Indica las operaciones realizadas).

     b) ¿De cuántas balas dispone el 29 de marzo? (Indica las operaciones realizadas).

Nombre: .... Curso: ....

1) Un emperador romano nació en el año 63 a. C. y murió en el 14 d. C. ¿Cuántos años vivió?

2) Una bomba extrae el petróleo de un pozo a 975 m de profundidad y lo eleva a un depósito situado a 48 m de altura. ¿Qué nivel supera el petróleo?

3) ¿Qué diferencia de temperatura soporta una persona que pasa de la cámara de conservación de las verduras, que se encuentra a 4 °C, a la del pescado congelado, que está a −18 °C? ¿Y si pasara de la cámara del pescado a la de la verdura?

4) La temperatura del aire baja según se asciende en la atmósfera, a razón de 9 °C cada 300 metros. Si la temperatura al nivel del mar en un punto determinado es de 0ªC, ¿a qué altura vuela un avión si la temperatura del aire es de −81 °C?

Nombre: .... Curso: ....

5) En un depósito hay 800 l de agua. Por la parte superior un tubo vierte en el depósito 25 l por minuto, y por la parte inferior por otro tubo salen 30 l por minuto. ¿Cuántos litros de agua habrá en el depósito después de 15 minutos de funcionamiento?

6) Teresa y Nacho van en bicicleta y salen del mismo lugar. Teresa avanza 6 km y luego retrocede 2 km, mientras que Nacho avanza 8 km y retrocede 5 km.

      a) ¿A qué distancia se encuentra uno del otro?

      b) ¿Quién ha avanzado más de los dos?

      c) ¿Quién ha recorrido más km?

7) Se cree que Arquímedes inventó el tornillo. Después de 2146 años se inventó el ordenador, en 1946. ¿En qué año inventó Arquímedes el tornillo?

Nombre: .... Curso: ....

8) Una máquina de hacer pozos perfora 15 m al día. Si ha tardado 8 días en perforar un pozo de petróleo, ¿qué profundidad tiene el pozo?

9) El nivel del agua de una presa ha disminuido 8 cm diarios durante 6 días. A causa de las intensas lluvias caídas los 3 días siguientes ha subido el nivel 7 cm diarios. ¿Cuál ha sido el desnivel total del agua de la presa?

Nombre: .... Curso: ....

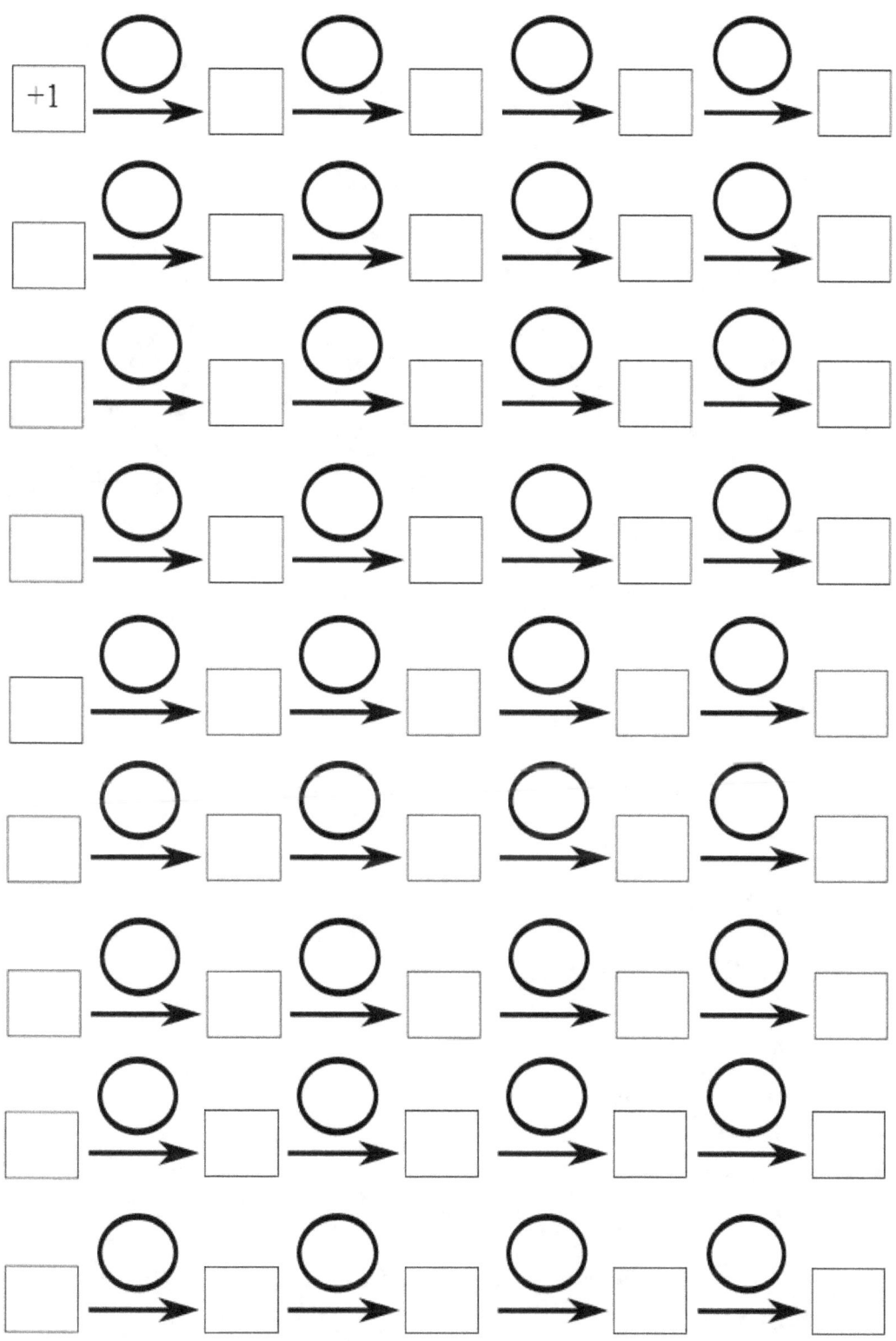

Nombre: .... Curso: ....

Teresa coge todos los días el autobús urbano para ir a dar clase en una escuela provisional del asentamiento. El lunes se entretuvo en contar las personas que subían y bajaban. Cuando arrancó el autobús había 20 personas y en la primera parada subieron 4 personas y bajaron 7; en la segunda, subieron 3 y bajaron 2; en la tercera parada suben 6 y bajan 3 y en la cuarta bajaron 3 y subieron 5.

a) Cuando bajó Teresa quedaron en el autobús:

A pesar del alzamiento zombie, mientras durase la transición a otra cosa, se decidió mantener por un tiempo el sistema monetario actual. El billete cuesta 90 céntimos de euros. Si tenemos en cuenta que en la primera parada subieron 4 personas y bajaron 7; en la segunda, subieron 3 y bajaron 2; en la tercera parada suben 6 y bajan 3 y en la cuarta bajaron 3 y subieron 5 y que todos pagaron con dinero;

b) ¿Cuánto recaudó el conductor en total en las cuatro paradas?

Los trayectos entre paradas, mientras estuvo Teresa en el autobús, duraron: 3 minutos, 3,25 minutos, 2 minutos, y 2,5 minutos. Las paradas duraron 1,25 minutos cada una.

c) El viaje de Teresa duro (en minutos):

d) El autobús en el que viajo Teresa recogió, desde el principio hasta el final, a 108 pasajeros. La mitad de los pasajeros pagaron el billete a 0,90 euros y la otra mitad pagaron un billete con 15 céntimos de descuento por billete. ¿Cuánto se recaudo en este trayecto? Explica bien tu razonamiento y los cálculos que realices.

Nombre: .... Curso: ....

1) Expresa en segundos las siguientes cantidades de tiempo:

(Recuerda, ' significa minutos, '' significa segundos)

a) 1h 15' 26''   b) 3h 23,5' 12''

2) Teresa quiere arreglar la puerta de su refugio. Está pensando en arreglarla el sábado, pero no sabe si le dará tiempo. Ha calculado que tardará 11' en desmontarla, 2h 17' en lijarla, 1h 23' en pintarla, 2h 15' en que seque la pintura y 15' en colocarla de nuevo.

     a) ¿Cuánto tardará en total en arreglarla?

     b) Si empieza el sábado a las cuatro de la tarde ¿a qué hora terminará?

3) Un superviviente empieza a realizar una vasija a las 9:00 am.

El proceso tiene 4 pasos: Primero modela la vasija, luego modela y le añade las asas, luego tiene que cocer el barro y finalmente la pinta.

En modelar la vasija tarda 23', en añadirle las asas tarda 12', en cocerla tarda 2h 24' y en pintarla tarda 46'.

     a) ¿A qué hora del día terminará de pintar la vasija?

Nombre: .... Curso: ....

b) Quiere realizar dos vasijas ese día, pero sólo tiene pintura para una. Ha pedido a un compañero que vaya a buscar más pintura, pero no le ha dicho a qué hora necesitará las pinturas. ¿Cuándo las necesitará? *(Explica los cálculos y razona la respuesta)*

Matemáticas 1º ESO

Ejercicios – Fracciones.

Nombre: .... Curso: ....

1) Calcula

a) $\dfrac{2}{5}$ de 20 € :

_____

b) $\dfrac{3}{7}$ de 21 granadas:

_____

c) $\dfrac{4}{12}$ de 9 tanques:

2) Di si las siguientes fracciones son equivalentes:

a) $\dfrac{2}{5} \overset{?}{=} \dfrac{14}{35}$

_____

b) $\dfrac{6}{8} \overset{?}{=} \dfrac{9}{12}$

_____

c) $\dfrac{5}{15} \overset{?}{=} \dfrac{2}{3}$

3) Simplifica las siguientes fracciones hasta obtener la fracción equivalente irreducible:

a) $\dfrac{48}{120}$

_____

b) $\dfrac{108}{252}$

_____

c) $\dfrac{1875}{2625}$

Nombre: .... Curso: ....

4) Realiza las siguientes operaciones, simplificando el resultado:

a) $\dfrac{2}{3} + \dfrac{1}{5}$

b) $\dfrac{2}{5} \cdot \dfrac{3}{10}$

c) $\dfrac{7}{4} : \dfrac{3}{8}$

d) $\dfrac{2}{5} + \dfrac{3}{10} + \dfrac{1}{2}$

5) Realiza las siguientes operaciones, simplificando el resultado *(nota: si se puede, conviene ir simplificando los resultados intermedios)*

a) $\dfrac{1}{3} \cdot \dfrac{2}{5} + \dfrac{3}{10} + \dfrac{1}{3}$

b) $\dfrac{2}{3} \cdot \left(\dfrac{1}{5} + \dfrac{1}{3} \right) + \dfrac{2}{3} : \dfrac{1}{4}$

c) $\dfrac{2}{3} \cdot \left(\dfrac{4}{8} + \dfrac{3}{2} \right) + \left(\dfrac{3}{5} + \dfrac{2}{6} \right) : \dfrac{2}{5}$ $\left(solución : \dfrac{11}{3} \right)$

2

Nombre: .... Curso: ....

b) $\dfrac{2}{5}\cdot\left(\dfrac{3}{9}+\dfrac{1}{6}\right)+\dfrac{2}{3}-\dfrac{20}{100}$ $\left(\text{solución}:\dfrac{2}{3}\right)$

c) $\dfrac{6}{9}-\dfrac{2}{4}+5\cdot\left(\dfrac{2}{5}+\dfrac{9}{15}\right)+\dfrac{1}{12}$ $\left(\text{solución}:\dfrac{11}{2}\right)$

Matemáticas 1º ESO
Ejercicios - Decimales.

Nombre: .... Curso: ....

1) Realiza las siguientes operaciones con números decimales finitos (incluir las operaciones):

a) $2,345 \cdot (22,12 - 8,234)$

b) $3,98 \cdot 2,34 + 18,2$

2) Di si los siguientes números decimales son periódicos o no, y en caso afirmativo escríbelos en notación abreviada (usando el "arco")

a) $3,25$

b) $4,365365365...$

c) $71,482828282...$

d) $32,45454545...$

e) $3,2155555555...$

f) $1,1123434343434...$

3) Calcula el valor como número decimal, expresado si es necesario como decimal periódico, de las siguientes fracciones:

a) $\dfrac{26}{7}$

b) $\dfrac{34}{5}$

c) $\dfrac{23}{9}$

Nombre: .... Curso: ....

1) Nacho tiene una bolsa con canicas. Los tres séptimos son verdes, los dos novenos rojas y el resto azules. ¿Cuántas canicas tiene de cada color?

2) Nacho y Teresa están preparando una fiesta de la Supervivencia y compran 12 botellas de 2 litros de naranja, 12 botellas de limón y 12 botellas de cola.

   a) ¿Cuántos litros han comprado?
   b) Si cada botella de 2 litros cuesta 1,45 € en el mercado del asentamiento ¿Cuánto dinero se han gastado?

3) En un ascensor se cargan 5 bolsas de 12,745 Kg cada una. Suben dos personas que pesan 65 Kg y 85,7 Kg. El ascensor admite 350 Kg de carga máxima. ¿Puede subir otra persona que pese 86,7 Kg?

4) El encargado del mercado ha encontrado bajo los escombros del ala este del edificio donde se encuentra un fajo de billetes por valor de 300 € y decide ir a cambiarlo al banco del asentamiento por monedas. Como luego distribuye las monedas entre las distintas cajas, es importante que el número de monedas de cada valor sea prácticamente el mismo, por lo que quiere cambiar 300 € en monedas de 1, 2, 5, 10, 20 y 50 céntimos y de 1 y 2 €, de manera que tenga el mismo número de monedas, y con lo que sobre de los 300 €, que se lo den con el menor número de monedas posible.

¿Cuántas monedas le darán de cada tipo?

Nombre: .... Curso: ....

5) Teresa ha hecho 45 pasteles y los quiere guardar en cajas. ¿De cuántas maneras los puede guardar para que no sobre ninguno?

6) Observa la suma $1+10+10^2+10^3+10^4+...+10^{2009}+10^{2010}+10^{2011}$ ¿Sabrías decir cuánto suman las cifras de este número?

7) Nacho ha dedicado $\dfrac{1}{3}$ partes de su tiempo a escribir en su diario, $\dfrac{1}{4}$ a leer libros y $\dfrac{5}{12}$ a exterminar los zombies que rodean el asentamiento. ¿A qué actividad ha dedicado más tiempo?

8) Teresa y Nacho se turnan para ir a ver a sus padres. María va cada 10 días, y Juan cada 6. Si coincidieron el 16 de marzo

    a) ¿Cuándo volverán a coincidir?

    b) ¿Cuántas visitas habrá hecho cada uno antes de que coincidan?

9) Éstas son algunas de las equivalencias que se utilizan para las recetas de cocina:

    1 cucharada de café = $\dfrac{1}{3}$ cucharada sopera

    2 cucharadas soperas = $\dfrac{1}{8}$ vaso

    5 vasos = 1 litro

    1 kilo = 4 vasos

Nombre: .... Curso: ....

Para elaborar una tarta de cumpleaños nos han dado los siguientes ingredientes:

Tarta de cumpleaños:

6 vasos de harina; 5 vasos de azúcar; 5 vasos y medio de leche; medio vaso de licor; 1 cucharada sopera de levadura; 5 cucharadas de café de vainilla.

Escribe la receta en kilogramos y en litros.

10) Por la mañana hemos recorrido las $\dfrac{2}{3}$ partes del asentamiento, y por la tarde los 5 Km restantes. ¿Cuántos kilómetros hemos recorrido en total?

11) En las fiestas de la Supervivencia del asentamiento, los afortunados supervivientes se disfrazan y desfilan por las calles 156 personas. Los militares han decidido que habrá una única comparsa que estará organizada en filas, de manera que cada fila tendrá igual número de participantes. Por las dimensiones de las calles por las que transcurrirá el desfile, se ha determinado que no podrán hacer más de 10 filas, y que cada fila estará formada como máximo por 60 personas. ¿De cuántas formas pueden desfilar los participantes?

12) Pitágoras repartió su colección de triángulos entre sus amigos:

- A Arquímedes le dio la mitad de los triángulos.
- A Tales, la cuarta parte.
- A Euclides, la quinta parte.
- A ti te han tocado los siete restantes.

¿Cuántos triángulos tenía Pitágoras?

Ejercicios - Ecuaciones.

Nombre: .... Curso: ....

1) Resuelve las siguientes ecuaciones:

a) $3x +2 +5 -4x +7x -3 = 2x -3 +6 +6x +2 -3x$

b) $2x +5 -3x +6 +4 +2x= 7 +3x +2x -4 -5x$

c) $2\cdot(x+3) +4\cdot(x-2) -3\cdot(x-2)= 2x +3$

d) $\dfrac{x}{5} - \dfrac{x}{9} = \dfrac{x}{3} - 11$

e) $\dfrac{2x}{3} + \dfrac{5}{2} + 6x - 3 = \dfrac{6}{2} + 2x - 4$

f) $3 + \dfrac{2x}{3} + \dfrac{4}{7} = -3x + 2$

→ Dejar la solución como fracción si no es un número entero ←

2) Resuelve las siguientes ecuaciones:

a) $3x + 4 - 5x - 4 + 6x = 6 + 2x - 4$

b) $7x + 15 - 2x + 7 = 4x - 5 + 6 - 2x$

c) $3 + 2(3x + 5) = 3 + 3(2x - 6) + 2x$

d) $3(2x + 5) - 2(2x + 5) = 10 + 5 \cdot 3 - 2 \cdot 4 - 2$

e) $\frac{2}{3} + 3x - \frac{5x}{2} = 1$

f) $\frac{1}{4} + \frac{2x}{3} + \frac{5}{2} = 3 - \frac{1}{3} + x$

g) $2(3x + 1) + \frac{1}{2} = 4(5x + 7) - \frac{2}{3} + x$

h) $\frac{3}{2} + 3(2x + 1) = \frac{1}{4} + (3x + 2) \cdot 3 + \frac{x}{2}$

i) $\frac{x+2}{3} + \frac{2x+1}{4} = 1$

→ Dejar la solución como fracción si no es un número entero ←

1

Nombre: .... Curso: ....

3) Resolver los problemas siguientes:

(Para ayudar en la elaboración de la ecuación correspondiente en algunos problemas se indica con qué cantidad numérica dada en el enunciado se han de "elaborar los ejemplos": significa que con ese dato es con el que se debe obtener la ecuación (en la mayoría de los casos...= "el número"), mientras que el resto se deben utilizar para los apartados 2 y 5 del desarrollo de un problema).

1. Tengo billetes de 20 € y de 50 €. En total tengo 6 billetes y 180 €. ¿Cuántos billetes de 20 € tengo? (los ejemplos con la cantidad de dinero).

2. En un cuadro hay dibujados triángulos y pentágonos. En total hay 13 figuras, y el número total de lados, entre triángulos y pentágonos, es de 53 lados. ¿Cuántas figuras de cada tipo hay?

3. Para una expedición organizada a la ciudad hemos contratado taxis y microbuses. En cada taxi hay 4 supervivientes, y en cada microbús hay 20 supervivientes. En total hemos contratado 15 vehículos, pudiendo transportar a 108 supervivientes. Si el alquiler de un taxi es de 25 € y el de un microbús es de 130 € ¿Cuánto dinero nos hemos gastado? (los ejemplos con la cantidad de supervivientes).

4. En una terraza tenemos taburetes (que tienen 3 patas) y mesas (que tienen 4 patas). Hemos contado las patas, que en total son 76, y entre taburetes y mesas hay 23. ¿Cuántos taburetes hay? (los ejemplos con el número de patas)

5. Tengo en una hucha 22 monedas, que son de 2 céntimos y de 20 céntimos. Como tengo 170 céntimos ¿Cuántas monedas de 20 céntimos tengo?

6. Acabo de comprar lápices y carpetas para poder realizar muchos problemas de matemáticas. Pero sólo me acuerdo que he comprado 11 cosas, y que me he gastado 610 céntimos. Como cada lápiz cuesta 20 céntimos y cada carpeta 150 céntimos, ¿cuántos he comprado de cada cosa? (los ejemplos con lo que cuesta la compra).

7. Noelia tiene el doble de años que su hermana Isabel, y su hermano Sergio tiene cinco años más que Noelia. Entre los tres tienen 45 años. ¿Cuánto años hay de diferencia entre el mayor y el menor?

Matemáticas 1° ESO

Ejercicios - Teorema de Pitágoras y Semejanza.

Nombre: .... Curso: ....

El teorema de Pitágoras nos dice que en un triángulo rectángulo, se tiene que

$h^2=a^2+b^2$, siendo h el lado más grande. Esto nos sirve para saber cómo es un triángulo:

Si h es el lado mayor de los tres dados:

$h^2=a^2+b^2$ nos dice que el triángulo es rectángulo.

$h^2>a^2+b^2$ nos dice que el triángulo es obtusángulo.

$h^2<a^2+b^2$ nos dice que el triángulo es acutángulo.

1) Clasifica el triángulo de lados a, b, c si sabemos que:

a) a=3, b=4, c=6.

b) a=6, b=8, c=6.

c) a=15, b=9, c=12.

d) a=24, b=10, c=26

e) a=7, b=7, c=7.

f) a=4, b=5, c=5

g) a=3, b=9, d=3

h) a=4, b=15, c=4.

1

Matemáticas 1° ESO

Ejercicios - Teorema de Pitágoras y Semejanza.

Nombre: .... Curso: ....

2) Calcula el lado que falta en los siguientes triángulos:

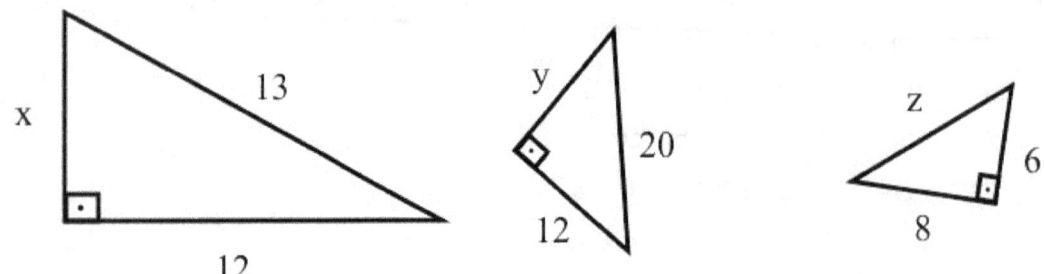

3) Calcula lo que miden los lados que están indicados con incógnitas:

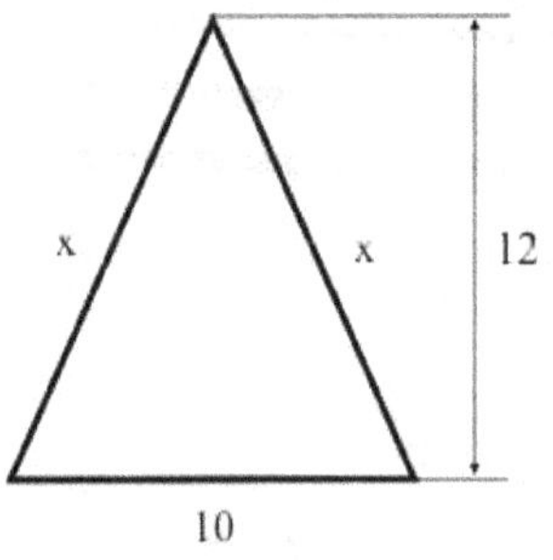

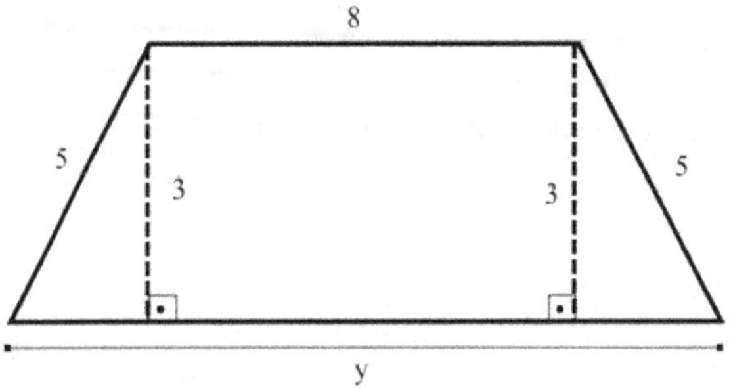

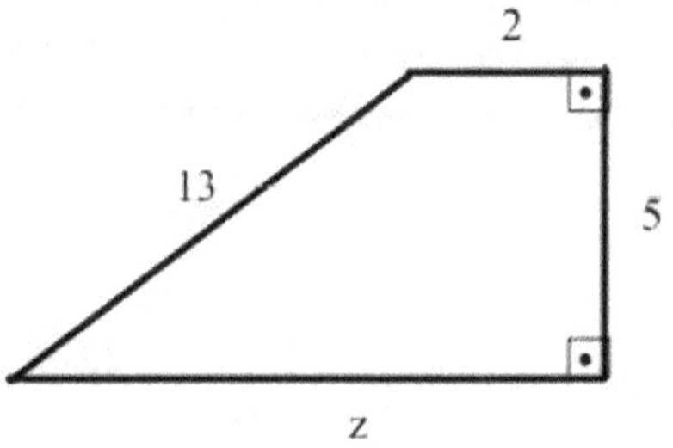

2

Nombre: .... Curso: ....

1) Calcula el lado que falta en los siguientes triángulos:

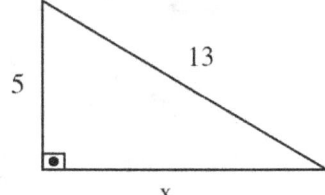

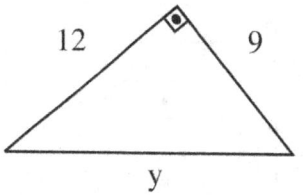

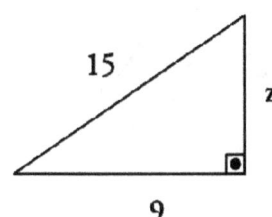

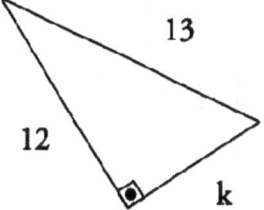

Nombre: .... Curso: ....

2) A partir de los puntos en el plano, responde a las siguientes preguntas:

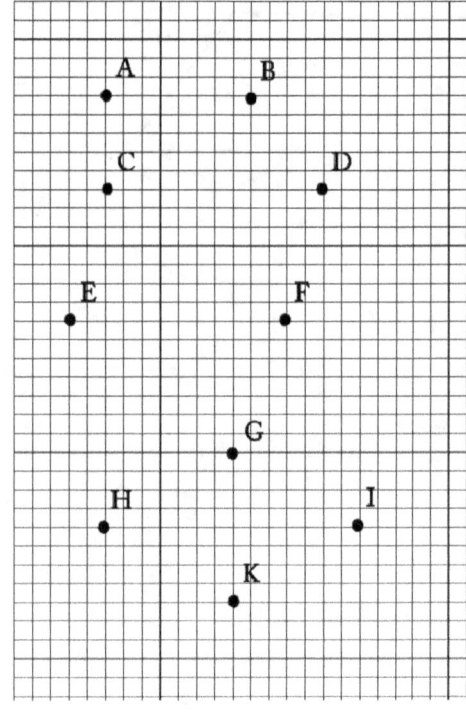

a) Representa y clasifica $\overline{ABC}$:

b) Representa y clasifica $\overline{CDFE}$:

c) ¿Cómo son $\overline{AB}$ y $\overline{CD}$ entre sí?

d) Si $\hat{D} = 55°$ (respecto de $\overline{CDFE}$) ¿Cuánto mide $\hat{E}$? ¿Y $\hat{C}$?

e) Representa y clasifica $\overline{HGI}$. La recta que pasa por G y K es una de las rectas notables de $\overline{HGI}$ ¿Qué recta notable es?

2

Nombre: .... Curso: ....

3) A partir de los puntos en el plano, responde a las siguientes preguntas:

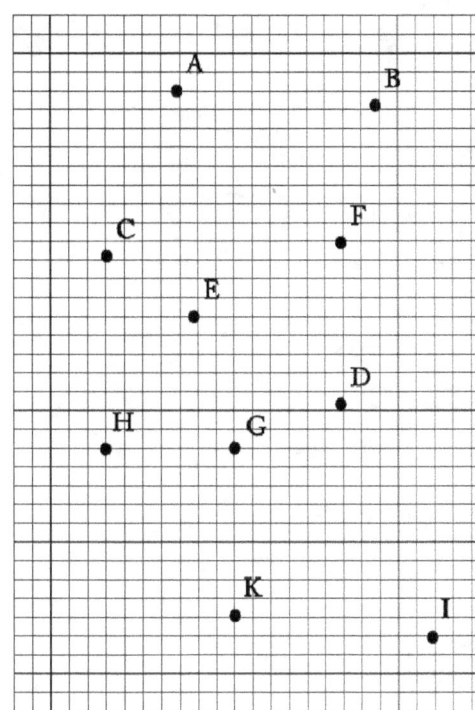

a) Representa y clasifica $\overline{ABC}$:

b) Da el nombre (a, b, c) adecuado a los lados de $\overline{ABC}$:

c) Representa y clasifica $\overline{DEF}$. Da nombre a sus lados:

d) Representa y clasifica $\overline{HGK}$. Da nombre a sus lados:

e) Di que segmentos de los representados es paralelo a $\overline{KI}$. ¿Hay alguno perpendicular?

f) Clasifica los ángulos $\hat{A}, \hat{B}, ...$ de los triángulos dibujados.

g) ¿Qué figura es $\overline{ABFEC}$? ¿Y $\overline{EDKGH}$?

h) Dibuja un hexágono con los puntos que quieras y di su nombre:

4) Calcula el área de las siguientes figuras:

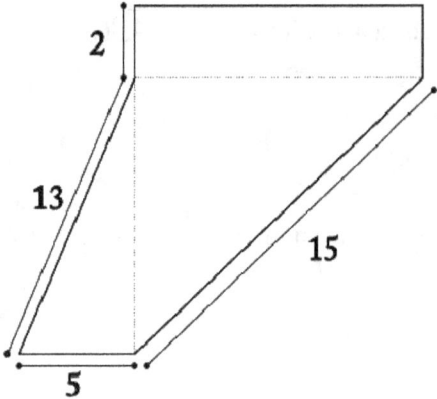

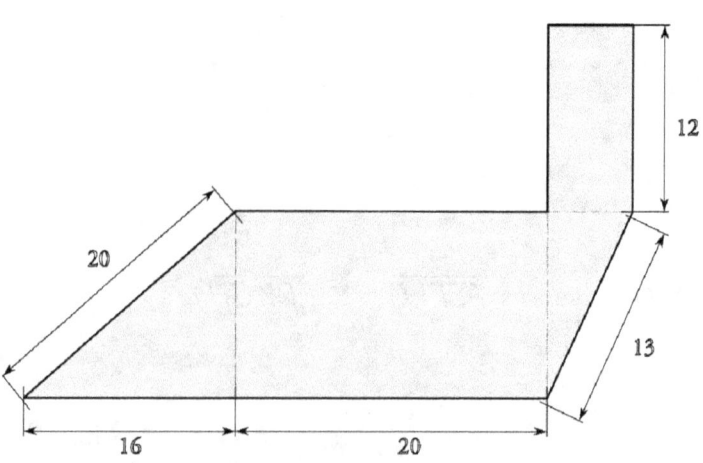

Nombre: .... Curso: ....

1) Dada la gráfica adjunta, responde a las siguientes preguntas:

    a)   ¿Qué variables relacionan esta gráfica?

    b)   ¿Qué unidades se toman para cada variable?

    c)   ¿Qué indica la ruptura del eje vertical?

    d)   ¿Cuánto tiempo ha permanecido el enfermo en el hospital?

    e)   Desde el día 2 al día 6 ¿qué tendencia presenta la gráfica?

    f)   ¿En qué momento se ha presentado la máxima temperatura? ¿Y la mínima?

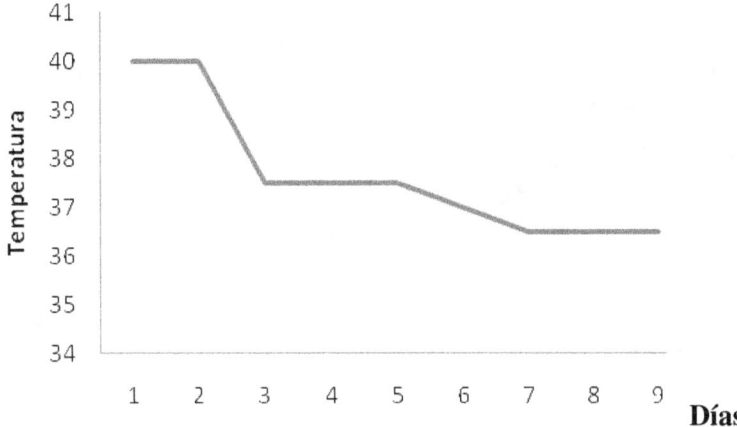

2) Observando la gráfica de la figura, contesta a las siguientes preguntas:

    a) ¿Qué variables estamos relacionando?

    b) ¿Qué unidades de medida estamos utilizando en cada variable?

    c) ¿En qué año se ha producido el mayor número de nacimientos?

    d) ¿En qué periodo de tiempo permanece constante el número de nacimientos?

    e) Entre los años 2000 y 2002, ¿ha aumentado el número de nacimientos o ha disminuido? ¿En cuántos miles?

    f) A partir de 2007, ¿qué tendencia presenta la gráfica?. Según esta tendencia, ¿qué pasaría en 2012?.

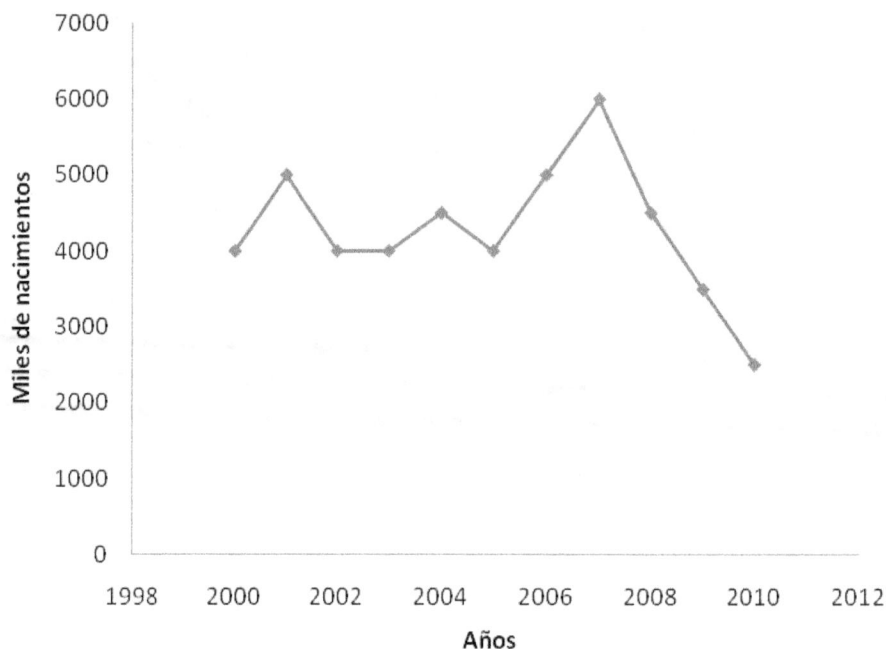

2

Nombre: .... Curso: ....

3) En la gráfica siguiente se describe el recorrido efectuado por un superviviente que va a un supermercado en coche. Sale del asentamiento, espera en una esquina para observar si hay zombies a la vista, luego recoge a otro compañero y llega al supermercado donde permanece hasta la hora de comer que regresa al asentamiento con los alimentos. Se pide:

a) ¿Qué distancia hay del supermercado al asentamiento?

b) ¿Cuánto tiempo espera para comprobar que no hay zombies a la vista?

c) Distancia desde donde le espera el compañer hasta el supermercado.

d) Cuánto tiempo está recogiendo alimentos en el supermercado.

e) Cuánto tiempo le cuesta volver al asentamiento.

f) ¿Qué significado tiene la ruptura del eje de abcisas.

g) ¿Qué variables se relacionan.

h) ¿Qué unidades de medida se utilizan?

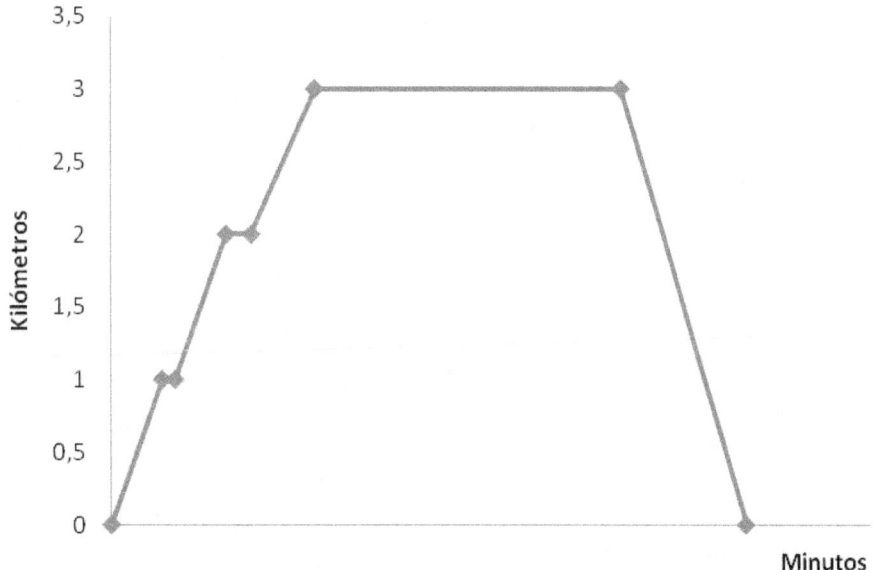

EXÁMENES

ESO

Nombre: .... Curso: ....

1) Realiza las siguientes operaciones: *(1,5 puntos)*

a) $3 + 5 \cdot 2 - 2 \cdot 4$

b) $2 + 6 \cdot 2 + 2 \cdot 4 - 6$

c) $(2 + 3 + 5 + 10 + 4) : (8 - 2)$

d) $2 \cdot (3 + 5) - 4 + 6 : (4 - 2) + 2 \cdot (5 - 2 \cdot 2)$

2) Realiza las siguientes operaciones: *(1,5 puntos)*

a) $6 : 3 + 4 + 2 - 2 \cdot 2 + 5 + 3 \cdot (2 + 3 \cdot (2 + 1) + 1)$

b) $(2 + 3 \cdot (2 + 2)) : 7 + 3 \cdot 2 + 2 \cdot (3 + 2 \cdot (6 - 5) + 1)$

1

3) Escribe el conjunto de divisores de: *(1 punto)*

a) 16

b) 18

4) Escribe como una única potencia las siguientes expresiones: *(1 punto)*

a) $3^4 \cdot 3^6 \cdot 3^2$

b) $14^3 \cdot \left(14^4\right)^3 \cdot 14^2$

c) $5^7 \cdot 3^7$

d) $2^5 \cdot 6^5 \cdot 3^4 \cdot 4^4$

5) Di si 4839836 es divisible por 2, por 3, por 5 ó por 11, explicando cómo lo puedes saber sin tener que realizar la división. *(1 punto)*

6) Factoriza como producto de primos los siguientes números: *(2 puntos)*

a) 72

b) 90

c) 23100

Nombre: .... Curso: ....

7) Calcula el máximo común divisor de los siguientes números: *(2 puntos)*

a) 24, 12 y 36

b) 180, 100 y 160

Nombre: .... Curso: ....

1) Define (con tus propias palabras) y pon un ejemplo de: *(1 punto)*

    Múltiplo:

    Divisor:

    Número primo:

    Aproximación por truncamiento:

    Aproximación por redondeo:

2) Escribe el conjunto de divisores de 60. *(1 punto)*

3) Di si 4839836 es divisible por 2, por 3, por 5 ó por 11, explicando cómo lo puedes saber sin tener que realizar la división. *(1 punto)*

4) Factoriza como producto de primos los siguientes números: *(1 punto)*

a) 72   b) 23100

Nombre: .... Curso: ....

5) Calcula el máximo común divisor y mínimo común múltiplo de los números 180, 100 y 160. *(1,5 puntos)*

6) Dos centinelas tardan en dar una vuelta al refugio 48 segundos y 56 segundos respectivamente. Si los dos salen a la vez de la salida, ¿cuánto tiempo tardarán en volver a coincidir en la salida y cuántas vueltas habrá dado cada uno? *(1,5 puntos)*

7) Completa las siguientes frases: *(1,5 puntos)*

     o   El cuadrado perfecto de 12 se escribe ...., y vale............

     o   La raíz cuadrada exacta de 121 se escribe ...., y vale...........

     o   La raíz cuadrada entera de 74 se escribe ...., y vale.......... y de resto.........

8) Los dos primeros libros de una colección de 100 cuestan 5€ y los restantes, 4€ cada uno. *(1,5 puntos)*

    a) ¿Cuánto cuesta toda la colección?

    b) ¿Cuánto cuesta si compramos sólo los 28 primeros libros?

    c) Si compro toda la colección antes de 30 días me regalan los 10 últimos libros, ¿cuánto me costaría entonces la colección completa?

Nombre: .... Curso: ....

1) Realiza las siguientes operaciones inmediatas: *(2 puntos)*

	A	Sol de A	B	Sol de B	C	Sol de C
1	(- 1) + 7		5 – 10		(-56) : 8	
2	(-7) · 8		(-2) + 6		9 · (-7)	
3	(- 9) + 7		(-7) : 7		5 – (- 9)	
4	3 · 12		(-9) + 2		(-3) + (-2)	
5	(-9) - 2		17 - 4		63 : 9	
6	(-7) · (- 6)		18 : (-3)		19 - 12	
7	4 - 19		(-5) · (-7)		(-3) + (-4)	
8	(-14) : 2		5 – 12		17 · 2	
9	(-36) : 9		(-12) : (-4)		(-9) : (- 9)	
10	3 + (-9)		(-4) + 10		9 + (- 8)	

2) Calcula: *(2 puntos)*

a) $-2+5-7 \cdot(-3+(-5))+3-2$

b) $4-8:(-2)+12+5 \cdot(-2)+7-4 \cdot 2$

c) $(-3+5+8):(+3-8)-5$

Nombre: .... Curso: ....

3) Enuncia las propiedades de la multiplicación de números enteros con expresión matemática, texto y pon un ejemplo. *(2 puntos)*

4) En un depósito hay 800 l de agua. Por la parte superior un tubo vierte en el depósito 25 l por minuto, y por la parte inferior por otro tubo salen 30 l por minuto. ¿Cuántos litros de agua habrá en el depósito después de 15 minutos de funcionamiento? *(2 puntos)*

5) Pon un ejemplo en el que se puedan utilizar números enteros, diferente a los que aparecen en este examen, explicando que significan los números positivos y los negativos. *Se valorará la creatividad.* *(2 puntos)*

Nombre: .... Curso: ....

ACTIVIDAD EXTRA

Nacho, parapetado en lo alto de una iglesia desde el 1 de marzo con 250 balas de francotirador, se encarga de exterminar a todos aquellos zombies que pasen cerca de su alcance. Durante el mes de marzo realizó los siguientes disparos, representados en las siguientes entradas de diario:

Fecha	Suceso	Cantidad
03/03/2010	Encuentro más balas en lo alto del edificio. ¡Bien!	50 balas
05/03/2010	Un grupo de zombies consiguen salir de un instituto. Son numerosos.	40 balas
06/03/2010	Un pequeño número de ejecutivos infectados pasa por la plaza con ritmo lento.	25 balas
12/03/2010	Teresa ha conseguido hacerme llegar una bolsa con más balas.	70 balas
16/03/2010	Un equipo de fútbol corre hacia aquí. Me habrán olido.	20 balas
20/03/2010	Aparece un pequeño grupo de aficionados zombies con bufandas. Probablemente estuviesen siguiendo a los futbolistas.	10 balas
24/03/2010	Teresa ha vuelto con más balas. Dios la bendiga.	25 balas
28/03/2010	Otro pequeño grupo aparece por el oeste.	30 balas

a) Asocia a cada uno de los movimientos realizados el número entero correspondiente, en función de si es hacia la cuenta o fuera de la cuenta:

CONCEPTO	CANTIDAD	N. ENTERO
Encuentro más balas en lo alto del edificio. ¡Bien!	50 balas	+50
Un grupo de zombies consiguen salir de un instituto. Son numerosos.	40 balas	
Un pequeño número de ejecutivos infectados pasa por la plaza con ritmo lento.	25 balas	
Teresa ha conseguido hacerme llegar una bolsa con más balas.	70 balas	
Un equipo de fútbol corre hacia aquí. Me habrán olido.	20 balas	
Aparece un pequeño grupo de aficionados zombies con bufandas. Probablemente estuviesen siguiendo a los futbolistas.	10 balas	
Teresa ha vuelto con más balas. Dios la bendiga.	25 balas	
Otro pequeño grupo aparece por el oeste.	30 balas	

b) ¿De cuántas balas dispone Nacho al terminar el mes? Indica la operación necesaria con números enteros.

Nombre: .... Curso: ....

c) Si al final de mes una horda de 800 zombies rodea la iglesia ¿Podrá escapar vivo? Da el resultado como número entero y explicando con palabras lo que significa.

Nombre: .... Curso: ....

1) Calcula: *(2 puntos)*

a) $\dfrac{2}{5}$ de 20 € :

_____

b) $\dfrac{3}{7}$ de 21 peces:

_____

c) $\dfrac{4}{12}$ de 9 aviones:

2) Di si las siguientes fracciones son equivalentes: *(2 puntos)*

a) $\dfrac{2}{5} \overset{?}{=} \dfrac{14}{35}$

_____

b) $\dfrac{6}{8} \overset{?}{=} \dfrac{9}{12}$

_____

c) $\dfrac{5}{15} \overset{?}{=} \dfrac{2}{3}$

3) Simplifica las siguientes fracciones hasta obtener la fracción equivalente irreducible: *(2 puntos)*

a) $\dfrac{48}{120}$

_____

b) $\dfrac{108}{252}$

_____

c) $\dfrac{1875}{2625}$

Nombre: .... Curso: ....

4) Realiza las siguientes operaciones, simplificando el resultado: *(2 puntos)*

a) $\dfrac{2}{3}+\dfrac{1}{5}$

b) $\dfrac{2}{5}\cdot\dfrac{3}{10}$

c) $\dfrac{7}{4}:\dfrac{3}{8}$

d) $\dfrac{2}{5}+\dfrac{3}{10}+\dfrac{1}{2}$

5) REPRESENTACIÓN GRÁFICA DE FRACCIONES. *(2 puntos)*

a) Colorea en cada figura la fracción que se indica:

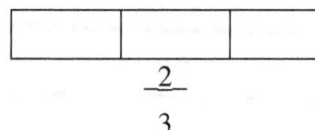

$$\dfrac{2}{3}$$

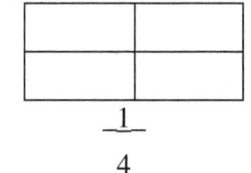

$$\dfrac{1}{4}$$

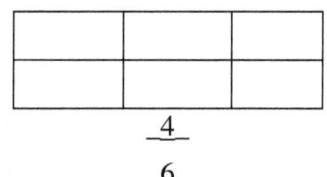

$$\dfrac{4}{6}$$

2

Nombre: .... Curso: ....

b) Representa gráficamente las siguientes fracciones:

$$\frac{3}{6} \qquad\qquad \frac{2}{5} \qquad\qquad \frac{6}{8}$$

c) Soluciona:

$$\frac{6}{9} - \frac{2}{4} + 5 \cdot \left(\frac{2}{5} + \frac{9}{15} \right) + \frac{1}{12}$$

Examen – Fracciones.

Nombre: .... Curso: ....

1) Calcula: *(1,25 puntos)*

a) $\dfrac{2}{5}$ de 20 € :

_____

b) $\dfrac{3}{7}$ de 21 peces:

_____

c) $\dfrac{4}{12}$ de 9 aviones:

_____

c) $\dfrac{3}{6}$ de 10 coches:

2) Di si las siguientes fracciones son equivalentes: *(1 punto)*

a) $\dfrac{2}{5} \overset{?}{=} \dfrac{14}{35}$

_____

b) $\dfrac{6}{8} \overset{?}{=} \dfrac{9}{12}$

_____

c) $\dfrac{5}{15} \overset{?}{=} \dfrac{2}{3}$

3) Simplifica las siguientes fracciones hasta obtener la fracción equivalente irreducible: *(1,25 puntos)*

a) $\dfrac{48}{120}$

_____

b) $\dfrac{108}{252}$

4) Define los siguientes conceptos, <u>incluyendo un ejemplo</u>: *(1,5 puntos)*

Denominador:

Fracción equivalente:

Nombre: .... Curso: ....

Fracción irreducible:

Simplificar una fracción:

Ampliar una fracción:

4) Realiza las siguientes operaciones, simplificando el resultado: *(2 puntos)*

a) $\dfrac{2}{3}+\dfrac{1}{5}$

b) $\dfrac{2}{5}\cdot\dfrac{3}{10}$

c) $\dfrac{7}{4}:\dfrac{3}{8}$

d) $\dfrac{2}{5}+\dfrac{3}{10}+\dfrac{1}{2}$

5) Realiza las siguientes operaciones, simplificando el resultado *(nota: si se puede, conviene ir simplificando los resultados intermedios) (3 puntos)*

a) $\dfrac{1}{3}\cdot\dfrac{2}{5}+\dfrac{3}{10}+\dfrac{1}{3}$

Nombre: .... Curso: ....

b) $\dfrac{2}{3} \cdot \left(\dfrac{1}{5} + \dfrac{1}{3} \right) + \dfrac{2}{3} : \dfrac{1}{4}$

c) $\dfrac{1}{3} : \dfrac{2}{3} + \dfrac{2}{5} : \dfrac{3}{10} + \dfrac{5}{3} : \dfrac{10}{7}$

Nombre: .... Curso: ....

1) Realiza las siguientes operaciones con números decimales finitos (incluir las operaciones): *(1,75 puntos)*

a) $145,23 + 71$

b) $2,005 \cdot 3,7$

c) $22,3 \cdot (12,12 - 8,034)$

d) $12,5 + 3,98 \cdot 2,34$

2) Define los cuatro tipos de decimales, dando una descripción e incluyendo un ejemplo: *(1,5 puntos)*

3) Calcula el valor como número decimal, expresado si es necesario como decimal periódico (utilizando el "arco"), de las siguientes divisiones: *(1,5 puntos)*

a) $24:7$

b) $23,65:5$

c) $12,342:0,9$

Nombre: .... Curso: ....

4) Tenemos tres palos, uno rojo, otro azul y otro verde. La suma de lo que miden el rojo y el verde es 2,34 m, y el palo azul, que mide 2,7m, es el doble de largo que el palo verde. ¿Cuánto mide cada palo? ¿Cuál es el más corto? *(1,75 puntos)*

5) Queremos meter 14,4 Kg de garbanzos en paquetes de 0,6 Kg. Por cada paquete de garbanzos nos van a pagar 0,75 €. *(1,75 puntos)*

    a) ¿Cuánto dinero conseguiremos?

    b) Si tenemos 14,8 Kg de garbanzos, razona cuánto dinero obtendremos, argumentando la solución que des.

Nombre: .... Curso: ....

6) Juan quiere cambiar 98 € a dólares. Si por cada € le dan 1,316 dólares; *(1,75 puntos)*

    a) ¿Cuantos dólares le darán?

    b) Si necesita 150 dólares ¿Cuántos € tendrá que cambiar?

Nombre: .... Curso: ....

1) Realiza las siguientes operaciones con números decimales finitos (incluir las operaciones): *(1,75 puntos)*

a) $145,23 + 71$

b) $2,005 \cdot 3,7$

c) $22,3 \cdot (12,12 - 8,034)$

d) $12,5 + 3,98 \cdot 2,34$

2) Define los cuatro tipos de decimales, dando una descripción e incluyendo un ejemplo: *(1,5 puntos)*

3) Calcula el valor como número decimal, expresado si es necesario como decimal periódico (utilizando el "arco"), de las siguientes divisiones: *(1,5 puntos)*

a) $24:7$

b) $23,65:5$

c) $12,342:0,9$

1

Nombre: .... Curso: ....

4) Elige la opción correspondiente en cada caso: *(1,5 puntos)*

La operación $153,87 \cdot 100$ dará como resultado:

    a) 1,5387
    b) 15,387
    c) 1538,7
    d) 15387

La operación $78,351 \cdot 0,01$ dará como resultado:

    e) 783,51
    f) 7,8351
    g) 0,78351
    h) 7835,1

La operación $4,2378 : 1000$ dará como resultado

    i) 4237,8
    j) 0,0042378
    k) 0,042378
    l) 42378

La operación $5,463 : 0,001$ dará como resultado

    m) 546,3
    n) 0,005463
    o) 5463
    p) 0,5463

Si redondeo 348,8367 a las centésimas, el resultado es:

    q) 348,83
    r) 348,86
    s) 348,84
    t) 348,82

Si trunco 763,4512 a las milésimas, el resultado es:

    u) 763,451
    v) 763,452
    w) 763,45
    x) 763,450

Nombre: .... Curso: ....

5) Escribe en forma de fracción irreducible los siguientes números decimales: *(1,5 puntos)*

a) 0,0025   b) 1,25   c) 32,4

6) Escribe tres números comprendidos entre 5,67 y 5,68. *(0,5 puntos)*

7) Tenemos tres palos, uno rojo, otro azul y otro verde. La suma de lo que miden el rojo y el verde es 2,34 m, y el palo azul, que mide 2,7 m, es el doble de largo que el palo verde. ¿Cuánto mide cada palo? ¿Cuál es el más corto? *(1,75 puntos)*

Nombre: .... Curso: ....

EJERCICIOS EXTRA:

a) Queremos meter 14,4 Kg de garbanzos en paquetes de 0,6 Kg. Por cada paquete de garbanzos nos van a pagar 0,75 €.

- ¿Cuánto dinero conseguiremos?

- Si tenemos 14,8 Kg de garbanzos, razona cuánto dinero obtendremos, argumentando la solución que des.

b) De un campo de fruta se he recogido 6347,5 kg de manzanas y las guardo en un almacén hasta su transporte. Contesta a las siguientes preguntas:

- Debido a la humedad se pierden 243,25 kg de fruta, ¿qué cantidad de manzanas tengo para transportar?

- Se llevan al supermercado y en el transporte se golpean 121 kg de la mercancía. ¿Cuántos kg de fruta tengo para vender?

- Si se venden a 1,15 € el kg, ¿Cuánto dinero sacaremos?

Nombre: .... Curso: ....

1) Nacho tiene una bolsa con canicas. Los tres séptimos son verdes, los dos novenos rojas y el resto azules. ¿Cuántas canicas tiene de cada color? *(1 punto)*

2) Nacho y Teresa están preparando una fiesta de la Supervivencia y compran 12 botellas de 2 litros de naranja, 12 botellas de limón y 12 botellas de cola. *(1 punto)*

   a) ¿Cuántos litros han comprado?

   b) Si cada botella de 2 litros cuesta 1,45 € en el mercado del asentamiento ¿Cuánto dinero se han gastado?

3) En un ascensor se cargan 5 bolsas de 12,745 Kg cada una. Suben dos personas que pesan 65 Kg y 85,7 Kg. El ascensor admite 350 Kg de carga máxima. ¿Puede subir otra persona que pese 86,7 Kg? *(1 punto)*

4) Teresa ha hecho 45 pasteles y los quiere guardar en cajas. ¿De cuántas maneras los puede guardar para que no sobre ninguno? *(1 punto)*

Nombre: .... Curso: ....

5) Teresa y Nacho se turnan para ir a ver a sus padres. María va cada 10 días, y Juan cada 6. Si coincidieron el 16 de marzo. *(1 punto)*

   a) ¿Cuándo volverán a coincidir?
   b) ¿Cuántas visitas habrá hecho cada uno antes de que coincidan?

6) Por la mañana hemos recorrido las $\dfrac{2}{3}$ partes del asentamiento, y por la tarde los 5 Km restantes. ¿Cuántos kilómetros hemos recorrido en total? *(1 punto)*

7) La suma de las edades de tres hermanos es 28. El mayor tiene seis años más que el mediano y éste dos más que el menor. ¿Cuántos años tiene cada uno? *(1 punto)*

Nombre: .... Curso: ....

1) Sabiendo que las magnitudes A y B son directamente proporcionales, y que las magnitudes C y D son inversamente proporcionales, rellena las siguientes tablas (incluyendo los cálculos necesarios): *(1 punto)*

A	2	4			3
B	14		7	35	

C	12	6			
D	12		144	4	6

2) Di si las siguientes magnitudes son proporcionales entre sí, diciendo que tipo de proporción cumplen en caso afirmativo. *(1 punto)*

A	1	2	3	4
B	12	6	4	3

C	3	4	5	6
D	12	16	21	24

E	9	18	30	60
F	3	6	10	20

Nombre: .... Curso: ....

3) En un instituto había 1100 alumn@s. Tras el alzamiento zombie se supo que 350 sobrevivieron, 200 desaparecieron devorados y 750 se convirtieron en muertos vivientes. Expresa en porcentaje el número de alumn@s que no sobrevivieron, que desaparecieron y que no se conviertieron. *(1,5 puntos)*

4) Cuatros amigos han invertido en un pequeño negocio de suministros, de la siguiente manera: *(1,5 puntos)*

Nacho ha puesto 2500 €, Teresa el 15 %, Marian el 40 % y Susana el 20%.

a) ¿Cuánto dinero han puesto cada uno?

Al cabo de un año el negocio ha obtenido 500 € de beneficio. Teniendo en cuenta que han invertido porcentajes diferentes, a la hora de repartir los beneficios;

b) ¿Cuánto dinero debería obtener cada uno de beneficio?

Nombre: .... Curso: ....

5) Para pintar 6 habitaciones 3 supervivientes han tardado 32 horas. Si queremos pintar 6 habitaciones en 8 horas ¿Cuántos supervivientes necesitaremos? *(1 punto)*

6) Teresa ha decapitado a un zombie que pesaba 58 Kg. Piensa llevar la cabeza al asentamiento para enseñarle a Nacho lo valiente que es pero no sabe si podrá con ella. Si la cabeza representa el 12% de su cuerpo, ¿cuánto pesa? *(1,5 puntos)*

7) Rellenar las siguientes relaciones, indicando las operaciones necesarias: *(1,5 puntos)*

a) 35423 dm son .... Km ya que:

b) 24,56723 Hl son .... dl ya que:

c) 34567,1234 cg son .... Dg ya que:

3

Nombre: .... Curso: ....

d) 1234,567 Hm² son .... m² ya que:

e) 2348,9214 m³ son .... cm³ ya que:

8) Calcula la capacidad de una caja con las siguientes dimensiones: *(1 punto)*

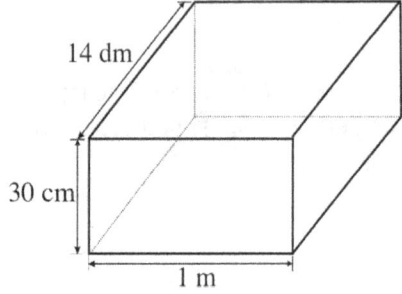

Nombre: .... Curso: ....

1) Completa la siguiente tabla de magnitudes directamente proporcionales: *(1 punto)*

Peso (kg)	1	3		10
Precio (€)	1,5		7,5	

Observando la tabla, define y pon ejemplos: *(1 punto)*

   a) RAZÓN

   b) PROPORCIÓN

   c) CONSTANTE DE PROPORCIONALIDAD

   d) PROPIEDAD FUNDAMENTAL DE LAS PROPORCIONES

2) Complete la tabla para que sean magnitudes inversamente proporcionales: *(1 punto)*

Magnitud A	6	9	
Magnitud B	12		4

3) En un instituto había 1100 alumn@s. Tras el alzamiento zombie se supo que 350 sobrevivieron, 200 desaparecieron devorados y 750 se convirtieron en muertos vivientes. Expresa en porcentaje el número de alumn@s que no sobrevivieron, que desaparecieron y que no se conviertieron. *(1 punto)*

Nombre: .... Curso: ....

4) Teresa ha decapitado a un zombie que pesaba 58 Kg. Piensa llevar la cabeza al asentamiento para enseñarle a Nacho lo valiente que es pero no sabe si podrá con ella. Si la cabeza representa el 12% de su cuerpo, ¿cuánto pesa? *(1 punto)*

5) Escribe, según corresponda, en forma de porcentaje, fracción o número decimal: *(1 punto)*

 a) 17%

 b) 1,8

 c) Tres por ciento

6) Si un superviviente recorre en bicicleta 20 km en 40 minutos. ¿Cuánto recorrerá en una hora si mantiene el mismo ritmo? *(1 punto)*

7) Tres supervivientes terminan un refugio en 6 días, ¿cuántos días tardarían si trabajasen 2 supervivientes? *(1 punto)*

8) Sabiendo que 46 cerillas son el 23% de una caja. ¿Cuántas cerillas tiene la caja completa? *(1 punto)*

9) Voy a invitar a mis amigos a merendar, y para ello voy a hacer un bizcocho. Tengo la siguiente receta para cuatro personas: 3 huevos, 1 yogurt, ½ vaso de aceite, 2 vasos de azúcar, tres vasos de

Nombre: .... Curso: ....

harina, 1 sobre de levadura y la ralladura de medio limón. ¿Qué cantidad de cada ingrediente tendré que mezclar si somos siete personas para merendar? *(1 punto)*

10) Señala con una cruz las magnitudes que sean directamente proporcionales: *(1 punto)*

    a) El peso de un saco de patatas y su precio.

    b) El número de páginas de un libro y el tiempo que se tarda en leerlo.

    c) Tu edad y tu peso.

    d) El volumen de agua y su peso.

    e) El número de zombies y el peligro que representa para la humanidad.

Nombre: .... Curso: ....

1) Define monomio y completa la siguiente tabla: *(2 puntos)*

Expresión algebraica	Coeficiente	Parte literal	Grado
$3x^2$			
$-\dfrac{3}{2}abc$			
	5	x^2y	
	-6	a^3	

2) Define valor numérico de una expresión algebraica. *(2 puntos)*

Calcula el valor numérico de la expresión $(5a + 7b + 1)$ para a=0 y b=1.

3) Completa la siguiente tabla: *(1 punto)*

Lenguaje usual	Lenguaje algebraico
La suma de un número más siete es once.	
El doble de mi edad es el triple de la edad de mi hermana.	
La diferencia de dos números consecutivos es tres.	
Mi peso disminuido en siete kilogramos es el doble de mi edad.	
La mitad de un número más diez es tres veces dicho número.	

4) Enuncia los pasos necesarios para resolver ecuaciones y aplícalos para hallar la solución de las siguientes: *(4 puntos)*

 a) $25 - 2x = 3x - 80$

Nombre: .... Curso: ....

b) $2x + 5 - 3x + 6 + 4 + 2x = 7 + 3x + 2x - 4 - 5x$

c) $2(x+3) + 4(x-2) = 3(x-2) + 2x + 3$

d) $\dfrac{8 + 2x}{3} = 10$

e) $\dfrac{2x}{3} + 6x - 3 = \dfrac{1}{2} + 2x - 4$

f) $\dfrac{2x - 2}{8} - \dfrac{2(x - 3)}{2} = 5 - \dfrac{3x}{2}$

5) La suma de tres números consecutivos es igual a cincuenta y cuatro. Calcula dichos números.
(1 punto)

ACTIVIDAD EXTRA:

Teresa, Marian y Nacho reúnen 23 euros para comprar un regalo. Marian aporta 2 euros más que Nacho, y Teresa 4 euros más que Marian. Calcula cuánto dinero ha aportado cada uno para comprar el regalo.

Nombre: .... Curso: ....

1) Completa la siguiente tabla: *(1,5 puntos)*

Lenguaje usual	Lenguaje algebraico
La suma de un número más siete es once.	
El doble de un número es el triple de su consecutivo más siete.	
La diferencia de dos números consecutivos es tres.	
Un número disminuido en siete unidades más el doble otro número.	
La mitad de un número más diez es tres veces dicho número.	
Un número más el doble de su anterior es igual a quince.	
	3x+(x+1)=12
	x+2·(x+1)+10

2) Tras una serie de estudios llevados a cabo por científicos del asentamiento, se ha deducido que la cantidad de comida que se debe suministrar a un zombie adulto para que quede satisfecho en función de su peso *p* y su altura *al* viene dada por la siguiente fórmula: *(2 puntos)*

$$C = 2p + al - 200$$

Calcula la cantidad de comida que se debe suministrar a:

a) Un zombie cuya altura es 184 y su peso 65.

b) Un zombie cuyo peso es 70 y su altura el doble de su peso.

Nombre: .... Curso: ....

c) Tres zombies que miden los tres 150 y cada uno pesa 50, 60 y 70.

3) Enuncia la "regla de la suma", aplicable a las ecuaciones. Describe como se aplicaría en la resolución de la ecuación $2x+3=9$, incluyendo la representación del paso con una balanza. *(0,75 puntos)*

4) Enuncia la "regla del producto", aplicable a las ecuaciones. Cita como se utiliza (puedes incluir algún ejemplo) en la resolución de ecuaciones. *(0,75 puntos)*

Nombre: .... Curso: ....

5) Resuelve las siguientes ecuaciones: *(4 puntos)*

a) $25 - 2x = 3x - 80$

b) $2x + 5 - 3x + 6 + 4 + 2x = 7 + 3x + 2x - 4 - 5x$

c) $2 (x+3) + 4 (x-2) = 3 (x-2) + 2x + 3$

d) $\dfrac{2x}{3} + 3 = 10$

e) $\dfrac{2x}{3} + 6x - 3 = \dfrac{1}{2} + 2x - 4$

f) $\dfrac{2x}{3} + \dfrac{5}{2} + 6x - 3 = \dfrac{6}{2} + 2x - 4$

6) La suma de tres números consecutivos es igual a cincuenta y cuatro. Calcula dichos números. *(1 punto)*

$\dfrac{2x}{3} + \dfrac{5}{2} + 6x - 3 = \dfrac{6}{2} + 2x - 4$

Nombre: .... Curso: ....

El teorema de Pitágoras nos dice que en un triángulo rectángulo, se tiene que

$h^2=a^2+b^2$, siendo h el lado más grande. Esto nos sirve para saber cómo es un triángulo:

Si h es el lado mayor de los tres dados:

$h^2=a^2+b^2$ nos dice que el triángulo es rectángulo.

$h^2>a^2+b^2$ nos dice que el triángulo es obtusángulo.

$h^2<a^2+b^2$ nos dice que el triángulo es acutángulo.

NOTA: Para realizar los ejercicios realiza los dibujos con las medidas indicadas y utilizando regla, cartabón y trasportador.

1) Clasifica el triángulo de lados a, b, c si sabemos que: *(1punto)*

a) a=3, b=4, c=6.

e) a=7, b=7, c=7.

b) a=6, b=8, c=6.

f) a=4, b=5, c=5

c) a=15, b=9, c=12.

g) a=3, b=9, d=3

Matemáticas 1° ESO

Examen - Pitágoras.

Nombre: .... Curso: ....

d) a=24, b=10, c=26

h) a=4, b=15, c=4.

2) Calcula el lado que falta en los siguientes triángulos: *(1punto)*

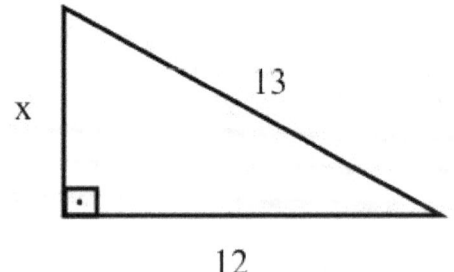 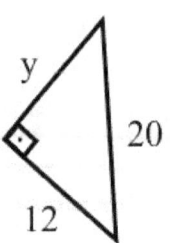 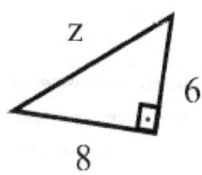

3) Calcula lo que miden los lados que están indicados con incógnitas y mide los ángulos: *(1punto)*

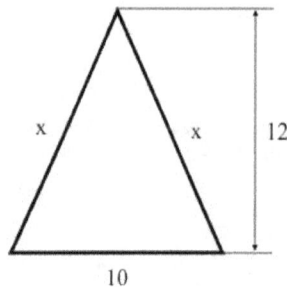

Nombre: .... Curso: ....

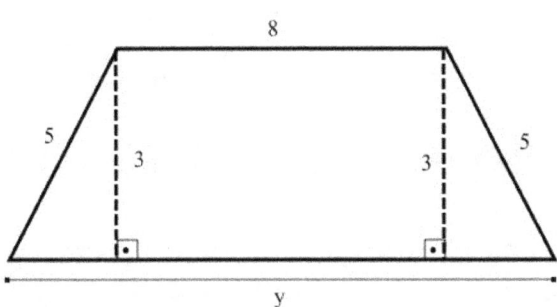

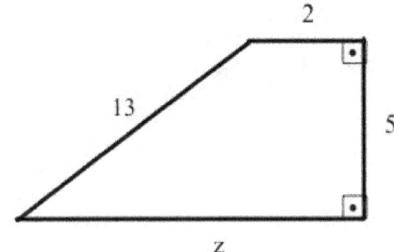

Nombre: .... Curso: ....

1) Calcula el lado que falta en los siguientes triángulos: *(2 puntos)*

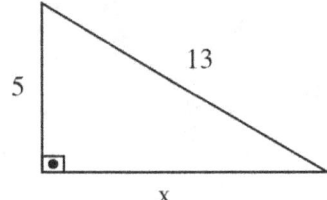

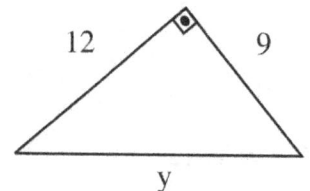

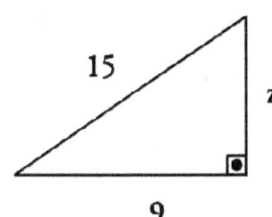

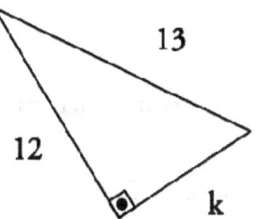

2) Clasifica el triángulo de lados a, b, c si sabemos que: *(2 punto)*

a) $a=3, b=4, c=6$.

d) $a=7, b=7, c=7$.

b) $a=6, b=8, c=6$.

e) $a=4, b=5, c=5$

1

Nombre: .... Curso: ....

c) a=15, b=9, c=12.   f) a=3, b=9, d=3

3) A partir de los puntos en el plano, responde a las siguientes preguntas: *(2 puntos)*

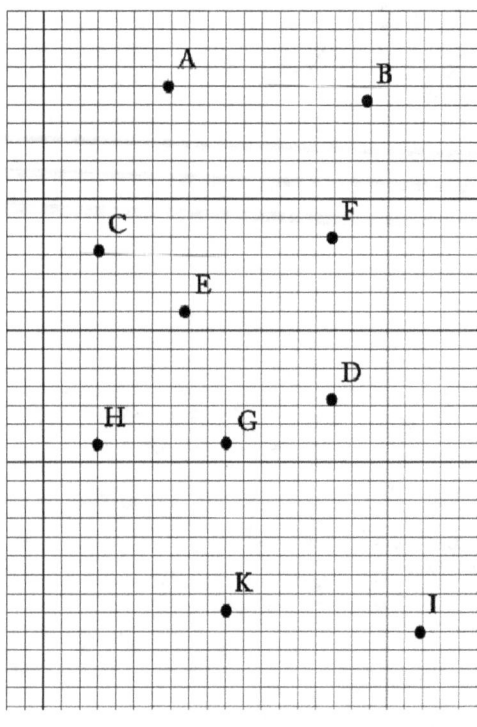

a) Representa y clasifica $\overline{ABC}$:

b) Da el nombre (a, b, c) adecuado a los lados de $\overline{ABC}$:

c) Representa y clasifica $\overline{DEF}$. Da nombre a sus lados:

d) Representa y clasifica $\overline{HGK}$. Da nombre a sus lados:

e) Di que segmentos de los representados es paralelo a $\overline{KI}$. ¿Hay alguno perpendicular?

Nombre: .... Curso: ....

f) Clasifica los ángulos $\hat{A}, \hat{B}, \ldots$ de los triángulos dibujados.

g) ¿Qué figura es $\overline{ABFEC}$? ¿Y $\overline{EDKGH}$?

h) Dibuja un hexágono con los puntos que quieras y di su nombre:

4) Calcula el área de la siguiente figura: *(2 puntos)*

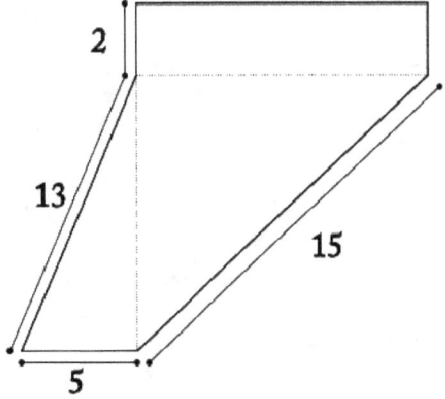

Matemáticas 1º ESO
Examen – Geometría.

Nombre: .... Curso: ....

5) Calcula el área de la siguiente figura: *(2 puntos)*

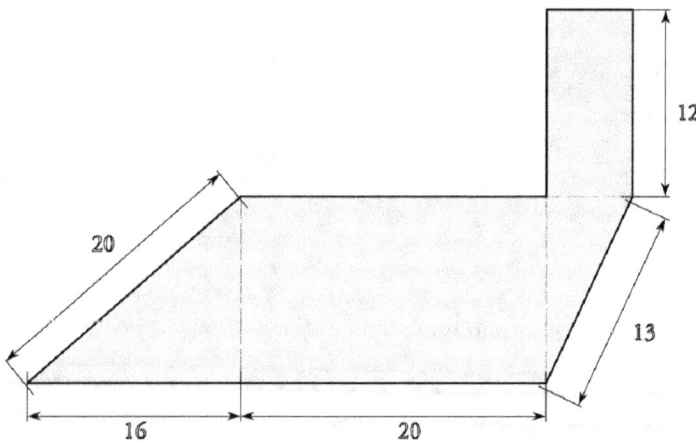

Nombre: .... Curso: ....

1) Escribe las coordenadas de los puntos representados, indicando a qué punto corresponden: *(1,5 puntos)*

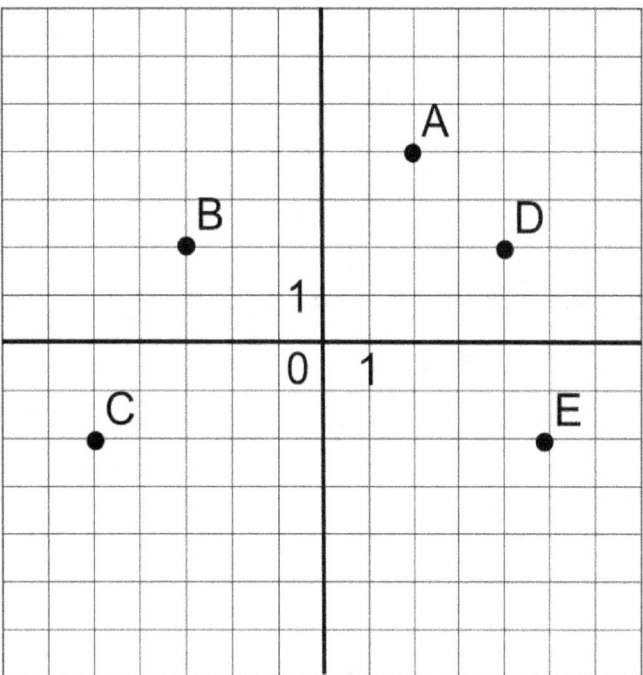

2) Representa los siguientes puntos en el plano coordenado, escribiendo su nombre en el plano coordenado: (1,5 puntos)

A(3,2), B(0,4), C(-2,5), D(-3,-2), E(-4,0)

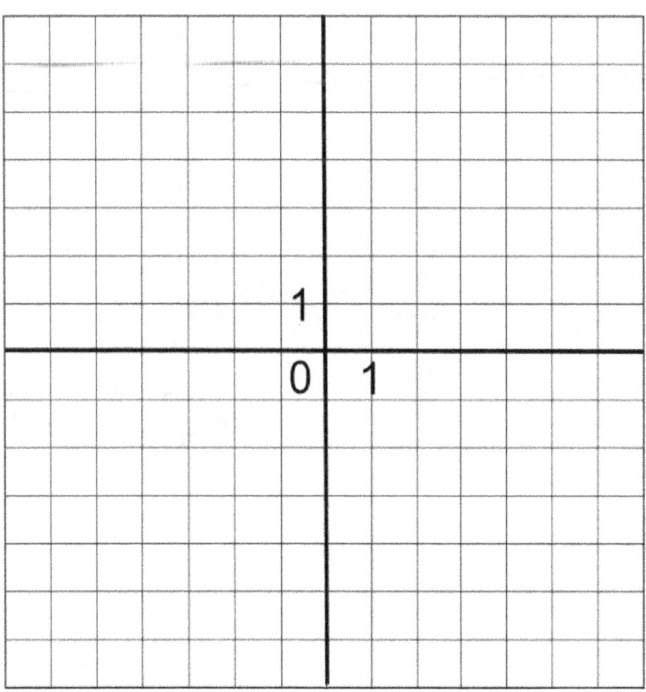

Nombre: .... Curso: ....

3) Rellena la tabla de la función f(x) si su fórmula es f(x) = 2 + 3x *(1 punto)*

x	0	1	2	-1	-2
f(x)					

4) Rellena la tabla de la función g(x) si su fórmula es g(x) = -2x+3+x^2 *(1 punto)*

x	0	1	2	-1	-2
g(x)					

5) Dibuja las siguientes gráficas, eligiendo la escala adecuada en los ejes: *(2 puntos)*

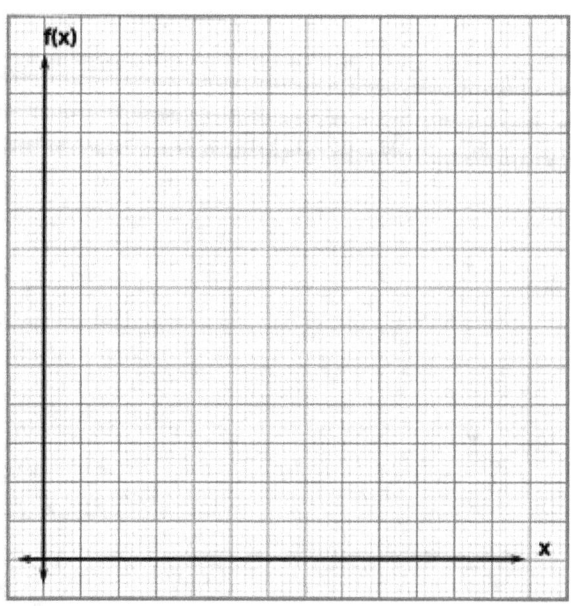

x	f(x)
1	2
2	3
3	5
4	7
5	11
6	7
7	4
8	1
9	5
10	3
11	2

Nombre: .... Curso: ....

x	f(x)
10	25
20	35
30	50
40	75
50	110
60	75
70	40
80	15
90	50
100	30
110	25

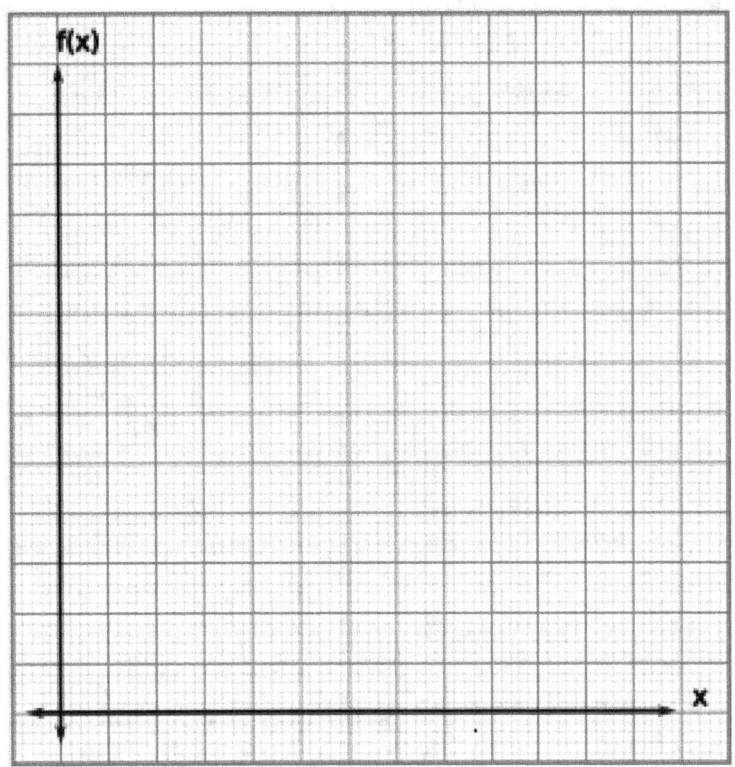

Nombre: .... Curso: ....

6) Rellena la tabla asociada a la siguiente función a partir de su gráfica: (*2 puntos*)

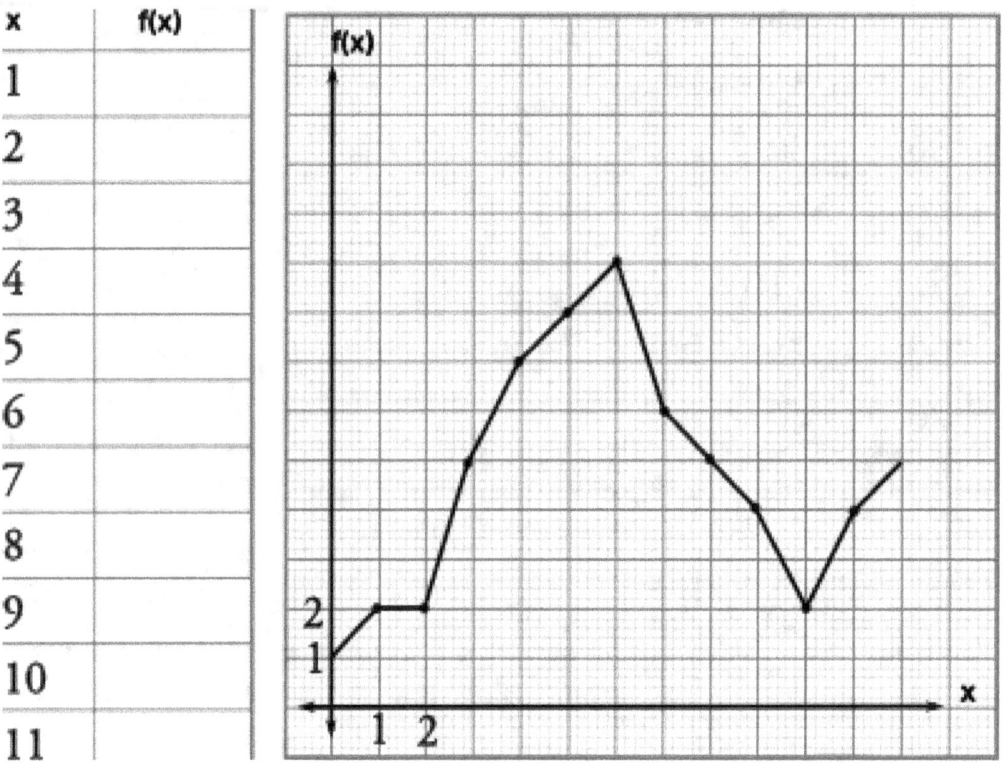

x	f(x)
1	
2	
3	
4	
5	
6	
7	
8	
9	
10	
11	

7) Describe con tus propias palabras lo que entiendes por "plano coordenado", describiendo e utilizando cada una de sus partes (ejes, coordenadas, etc.) *(1 punto)*

4

www.ingramcontent.com/pod-product-compliance
Lightning Source LLC
Chambersburg PA
CBHW081056170526
45166CB00006B/2082